I0797639

El ornitorrinco

Grace Hansen

Abdo Kids Jumbo es una subdivisión de Abdo Kids
abdobooks.com

abdobooks.com

Published by Abdo Kids, a division of ABDO, P.O. Box 398166, Minneapolis, Minnesota 55439.

Abdo Kids Jumbo™ is a trademark and logo of Abdo Kids.

Printed in the United States of America, North Mankato, Minnesota.

102019

012020

Spanish Translator: Maria Puchol

Photo Credits: Alamy, Getty Images, iStock, Minden Pictures, National Geographic Image Collection, Science Source, Shutterstock

Production Contributors: Teddy Borth, Jennie Forsberg, Grace Hansen
Design Contributors: Dorothy Toth, Pakou Moua

Library of Congress Control Number: 2019943933

Publisher's Cataloging-in-Publication Data

Names: Hansen, Grace, author.

Title: El ornitorrinco/ by Grace Hansen

Other title: Platypus. Spanish

Description: Minneapolis, Minnesota : Abdo Kids, 2020. | Series: Animales de Australia

Identifiers: ISBN 9781098200848 (lib.bdg.) | ISBN 9781098201821 (ebook)

Subjects: LCSH: Platypus--Juvenile literature. | Egg-laying mammals--Juvenile literature. | Animals--Australia--Juvenile literature. | Monotremes--Juvenile literature. | Spanish language materials--Juvenile literature.

Classification: DDC 599.29--dc23

Contenido

Los ornitorrincos 4

Madrigueras 16

Alimentación y caza 18

Crías de ornitorrinco 20

Más datos 22

Glosario 23

Índice 24

Código Abdo Kids 24

Los ornitorrincos

El ornitorrinco vive en el este de Australia. También se encuentra en la cercana isla de Tasmania.

Los ornitorrincos suelen vivir cerca de o en agua dulce, como lagos, arroyos y ríos. Muchos viven en los ríos Murray o Darling.

El ornitorrinco es un **mamífero singular**. Tiene la cabeza plana y el hocico en forma de pico de pato. El hocico está cubierto de una piel similar al cuero.

Su cuerpo puede llegar a medir 22 pulgadas (55.9 cm) de largo. Termina en una cola corta y ancha.

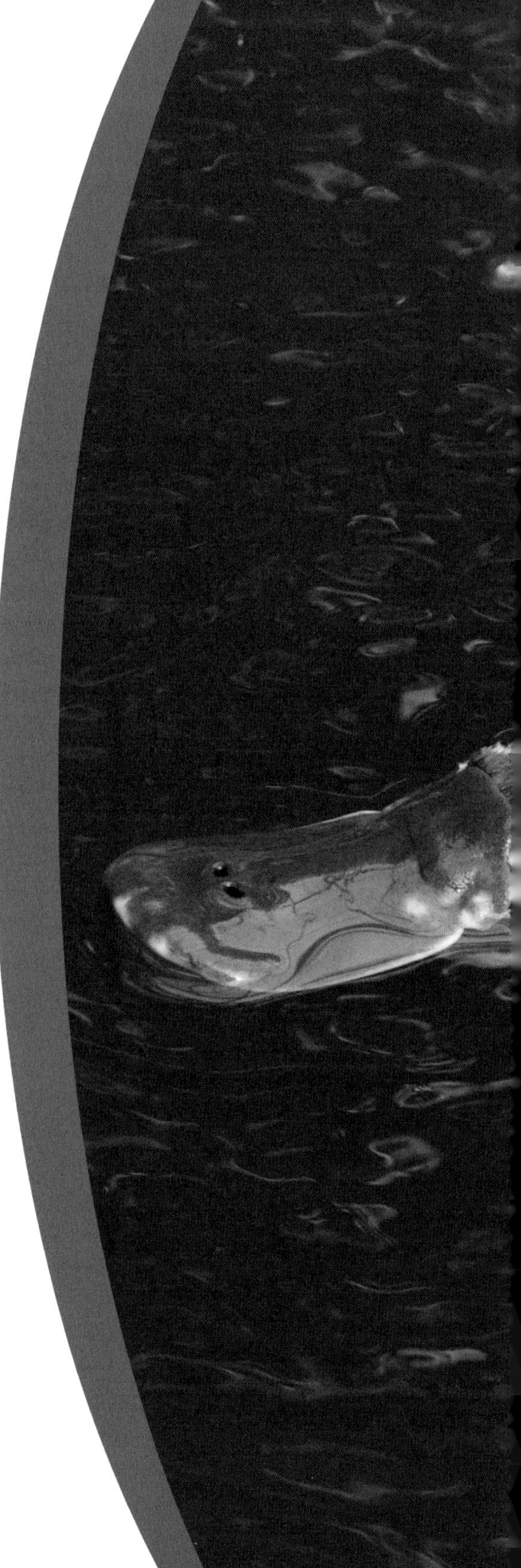

La espalda de los ornitorrincos está cubierta de pelaje color café. La panza es de un color más claro.

Sus pies **palmeados** le ayudan a nadar. Sus largas garras le ayudan a excavar madrigueras.

Madrigueras

Las madrigueras de los ornitorrincos se encuentran cerca de agua dulce. Los ornitorrincos duermen unas 17 horas al día en sus madrigueras.

Alimentación y caza

Los ornitorrincos salen a cazar y alimentarse por la noche. ¡Les gusta comer insectos, caracoles y gusanos, entre otras cosas!

Crías de ornitorrinco

A diferencia de otros **mamíferos**, los ornitorrincos ponen huevos. Las **hembras** ponen de 1 a 3 huevos cada vez. Las crías permanecen en la madriguera hasta que tienen unos 4 meses.

Más datos

- Los ornitorrincos **macho** tienen un espolón en la parte trasera de los tobillos. Este espolón contiene veneno que es lo suficientemente fuerte para matar pequeños animales.

- El veneno de un ornitorrinco es probable que no mate a un humano, pero causa un dolor intenso que puede durar semanas.

- La comida que agarran bajo el agua la guardan en sus cachetes hasta que salen del agua y se la pueden comer.

Glosario

hembra - animal que puede producir huevos o tener crías.

macho - animal que engendra sus crías pero de él no nacen.

mamífero - animal de sangre caliente con la piel cubierta de pelo y con esqueleto dentro de su cuerpo. Las madres de los mamíferos producen leche para alimentar a sus crías.

palmeado - tener los dedos ligados por una membrana.

singular - único de su tipo.

Índice

alimento 18

cabeza 8

cola 10

color 12

crías 20

cuerpo 10, 12

garras 14

hábitat 4, 6

hocico 8

huevos 20

madriguera 14, 16

pelaje 12

pies 14

río Darling 6

río Murray 6

tamaño 10

Tasmania 4

¡Visita nuestra página **abdokids.com** para tener acceso a juegos, manualidades, videos y mucho más!

Usa este código Abdo Kids

APK5458

¡o escanea este código QR!